Sommaire

Au centre de ton livre, découvre l'association Jane Goodall !

Textes : Julie Delfour

Direction : Guillaume Pô
Direction éditoriale : Emmanuelle Braine Bonnaire
Édition : Danielle Védrinelle et Anaïs Rougale, assistées d'Amélie Palladin
Préparation de copie : Hélène Grimault
Réalisation graphique et mise en pages : Philip Garcia
Direction de fabrication : Thierry Dubus
Fabrication : Marie Guibert

www.fleuruseditions.com
ISBN : 9782215173007
MDS : FS73007

« Loi n° 49-956 du 16 juillet 1949 sur les publications destinées à la jeunesse, modifiée par la loi n° 2011-525 du 17 mai 2011. »
Dépôt légal : février 2021
N° d'édition : J21057

Achevé d'imprimer en décembre 2020, en Roumanie par Rotolito, sur du papier FSC.
Ce livre utilise des encres semi-végétales respectant les normes écologiques et de sécurité en vigueur.

FSC www.fsc.org MIXTE Issu de sources responsables FSC® C127233

OBJECTIF GREEN

Une nature protégée

Julie Delfour

FLEURUS

Sur Terre, tout est lié : les animaux, les plantes, les milieux de vie... Tout bouge, se transforme, interagit. C'est ce qu'on appelle la biodiversité. C'est comme un dialogue sans paroles ou une danse sans fin : un savant équilibre où chacun prend naturellement sa place.

Dans ce monde en mouvement, des espaces s'ouvrent et d'autres se ferment. Des espèces apparaissent, d'autres disparaissent. C'est un immense puzzle vivant, dans lequel toutes les pièces comptent, même la plus petite qui n'a l'air de rien, dans son coin...

Une pièce manquante, ce n'est pas si grave ? Faux ! Car la biodiversité est essentielle dans nos vies. Tant que l'équilibre est maintenu, la nature continue à s'épanouir, à évoluer et à nous fournir de quoi nous habiller, nous chauffer, boire, manger... Bref, elle nous fait vivre.

Mais tout cela est fragile. On croit la nature invincible, ses ressources inépuisables, et pourtant...
En s'installant sur Terre, l'homme a pris toute la place, et de nombreuses espèces se retrouvent aujourd'hui en péril. Et chaque espèce que nous détruisons, c'est un trou dans le puzzle, et l'équilibre qui s'effondre !

La situation est alarmante mais pas désespérée.
Les gouvernements de tous les pays luttent pour préserver les pièces du puzzle. Et toi aussi, à ton échelle, tu as un rôle à jouer. Chacun de nous peut apporter sa pierre, pour réparer les erreurs du passé et préserver notre trésor commun.
Car la nature a un secret : elle est « résiliente ». Même si on lui a fait du mal, elle peut se reconstruire. Alors, à nous de jouer !

C'est parti pour découvrir en détail pourquoi et comment !

La biodiversité : tous liés !

La biodiversité désigne l'ensemble des êtres vivants sur Terre. Elle englobe les milieux naturels et les espèces qui y vivent. Ces espèces cohabitent et se transforment selon leur environnement. Milieux, espèces et individus dépendent étroitement les uns des autres.

Les milieux de vie

Ce sont les endroits où vivent les espèces. Elles y trouvent tout ce dont elles ont besoin : de la nourriture et des abris pour se cacher ou se reproduire.
Il existe trois grands types de milieux :
le milieu solide (la **lithosphère**) ;
le milieu aquatique (l'**hydrosphère**)
et le milieu gazeux (l'**atmosphère**).
Température, humidité, lumière, type de paysages... chacun a ses propres caractéristiques.

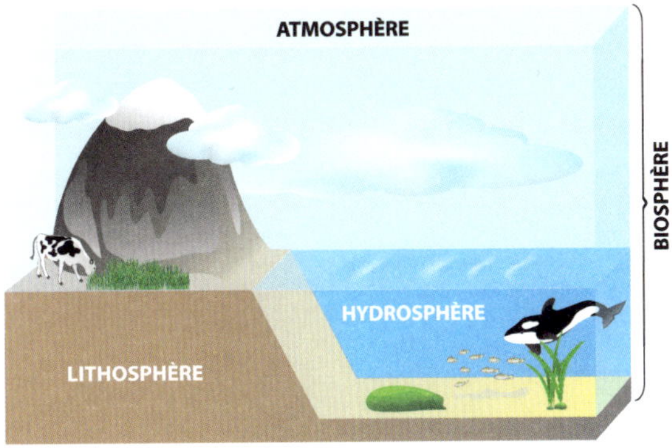

Les espèces

Les espèces (voir pp. 18-19) choisissent le milieu de vie qui leur convient le mieux, en fonction de ce qu'elles peuvent supporter. Elles sont en relation non seulement avec leur milieu, mais aussi avec les autres espèces qui y vivent. Tout ce petit monde doit cohabiter !

Les individus

Chaque espèce compte des milliers d'individus, tous différents ! Les biologistes parlent de « diversité génétique ». Cela fonctionne comme un tout, où chaque élément est lié aux autres. Si la biodiversité était un château de cartes, ces dernières seraient les êtres vivants. Toutes les cartes sont importantes pour que le château soit beau et tienne bien droit. Si une carte disparaît, tout risque de s'écrouler !

Le cycle de la vie

La vie est apparue sur Terre il y a 3,8 milliards d'années. D'abord, ce fut seulement des amas de molécules*. Puis sont apparus les premiers êtres faits de plusieurs cellules*. La nature s'est ensuite amusée à créer des formes de vie de plus en plus complexes, comme l'homme (*Homo*), apparu il y a 2 millions d'années.

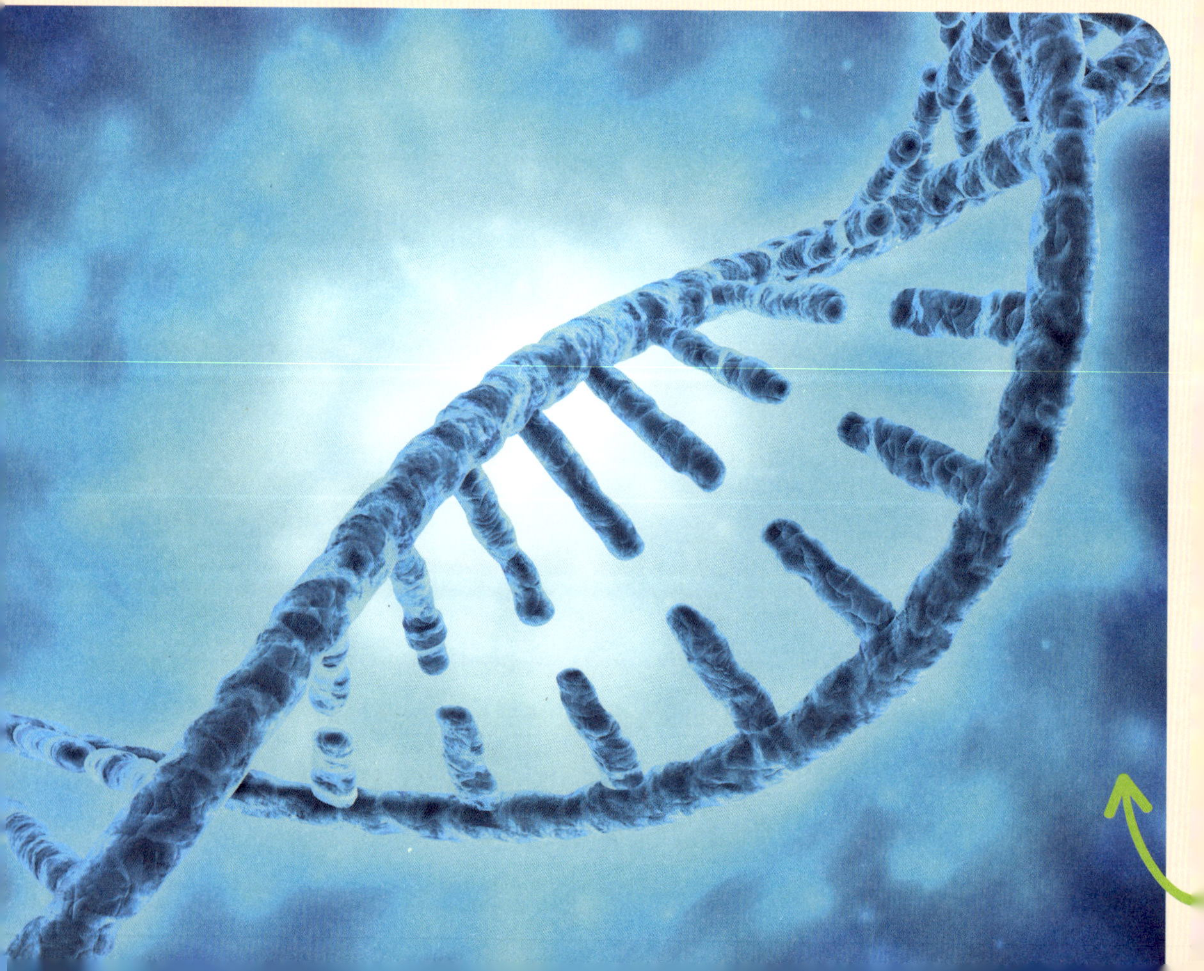

Star de la diversité : l'ADN

De la bactérie à l'éléphant, en passant par l'homme, tous ont en commun une molécule : l'ADN. À elle seule, elle est responsable de l'immense diversité du vivant. L'ADN est constitué de minuscules morceaux imbriqués, les gènes, qui vont déterminer les caractéristiques d'un être vivant. À chaque espèce sa combinaison de gènes. Un véritable jeu de Lego® vivant !

Darwin et la sélection naturelle

En 1859, le naturaliste* anglais Charles Darwin dévoile sa théorie de l'évolution – et c'est une véritable révolution ! Elle fait beaucoup de bruit dans le monde scientifique, car elle remet en question les paroles sacrées de la Bible, qui dit que les espèces sont figées pour toujours. Darwin affirme que grâce à la « sélection naturelle », les individus les mieux armés pour la survie transmettent leurs gènes à leurs petits, et font ainsi évoluer leur espèce.

L'ADN se présente sous cette forme étrange, en « double-hélice ».

Charles Darwin (1809-1882)

Naissances... et extinctions

Sans cesse des créatures naissent, et d'autres disparaissent. Sans parler de toutes celles qui restent encore à découvrir ! Les grandes extinctions donnent souvent naissance à de nouvelles espèces. Il y a 65 millions d'années, l'extinction des dinosaures a permis à une multitude de petits mammifères de prendre le pouvoir. Car, dans la nature, le malheur des uns fait le bonheur des autres !

La valse du vivant

Grands animaux disparus...

L'aurochs

Ce grand bovidé, ancêtre des races actuelles de vaches, vivait dans les forêts d'Europe et d'Asie. Impressionnante masse de muscles, il n'a pourtant pas résisté à la pression des chasseurs humains. Il a disparu en 1627.

Le thylacine

Originaire de Tasmanie (Australie), il ressemblait à un grand loup à rayures. Ce prédateur n'avait qu'un ennemi plus fort que lui : l'homme. Il fut victime de sa réputation de voleur de poules et les chasseurs reçurent des primes pour le tuer. Il est considéré comme une espèce disparue depuis le milieu des années 1930.

Le dodo

Comme il n'avait aucun prédateur, ce gros oiseau n'avait pas besoin de s'enfuir et ne savait pas voler. Il a été une proie facile pour les hommes qui ont débarqué sur son île. Ils l'attrapaient facilement et mangeaient sa chair et ses œufs. Il a disparu au 17e siècle. L'île Maurice en a fait son emblème.

… et nouveaux venus

Le rhinopithèque

Fin 2010, en Birmanie (pays aussi appelé Myanmar), une équipe de primatologues* découvre une nouvelle espèce de singe : le rhinopithèque de Stryker. Ce drôle de primate a une particularité : son nez, si retroussé qu'on dirait qu'il n'en a pas et qui le fait éternuer quand il pleut !

BULBOPHYLLUM NOCTURNUM

Sur l'île de Nouvelle-Bretagne, au large de la Nouvelle-Guinée, un spécialiste des orchidées a fait la trouvaille de sa vie : une orchidée encore inconnue, en forme d'étoile, qui ne s'ouvre qu'à la tombée de la nuit !

L'okapi

Avec sa tête de girafe, son corps de cheval et son arrière-train rayé comme un zèbre, on le dirait sorti de l'imagination d'un naturaliste* un peu fou. Découvert en Afrique centrale en 1901, il fait partie des rares espèces de grands mammifères mises au jour au 20e siècle.

Les écosystèmes

Dans chaque milieu de vie (on dit aussi « biotope »), des êtres vivants cohabitent et sont liés (il s'agit souvent de relations alimentaires : les uns mangent les autres !). Ces êtres vivants, leurs milieux et leurs relations forment des « écosystèmes ». Il y en a énormément !

LA VIE À TOUS LES ÉTAGES

Les forêts tropicales abritent à elles seules deux écosystèmes : le sol (sombre et humide) et la canopée (plus lumineuse et sèche). L'un et l'autre sont les refuges d'espèces très différentes, qui peuvent ne jamais se croiser !

À chaque écosystème sa biodiversité !

Forêts

Il en existe de différentes sortes : boréales, tempérées, tropicales… toutes fourmillent de vie ! Les forêts tropicales sont les plus grands réservoirs de biodiversité. Elles couvrent moins de 10 % de la planète et abritent pourtant plus de la moitié des espèces vivantes.

Déserts

Ils couvrent entre 20 et 30 % de la planète. Les animaux qui y vivent doivent affronter des conditions de vie extrêmes. Car, dans ces zones particulièrement sèches, il fait très chaud le jour et très froid la nuit. Et il est difficile de trouver à boire.

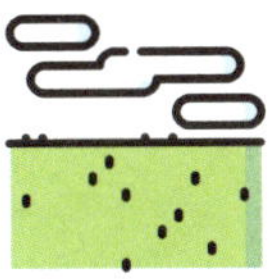

Prairies

Ces écosystèmes réunissent des milieux ouverts qui accueillent une grande diversité d'espèces végétales et animales. Leurs herbes bien grasses nourrissent de nombreux herbivores*… et donc leurs prédateurs !

Zones humides

Il s'agit des espaces d'eau douce : lacs, rivières, mares, marais, tourbières* ou mangroves*. Ils ne couvrent que 2 % de la planète. Mais ces espaces fragiles sont indispensables pour des milliers d'êtres vivants : 40 % des espèces y vivent.

Villes

Même si elles ne sont pas d'origine naturelle, les villes sont des écosystèmes à part entière. L'évolution y est rapide. Les espèces des villes n'ont en effet pas le choix ; elles doivent s'adapter très vite pour survivre dans un milieu fait par et pour les hommes.

Un écosystème primordial : l'océan

Les océans recouvrent 70 % de la planète. Ils offrent à leurs habitants des milieux de vie variés : la pleine mer, les zones peu profondes ou encore les récifs de corail. De la bactérie à la baleine, tous les êtres vivants sont nés dans l'eau.

LE RÔLE DU CORAIL

Constitués de squelettes de coraux, les récifs coralliens abritent 25 % de la vie marine mondiale. C'est là que grandissent 1/4 des poissons des océans. Ces récifs sont aussi un rempart naturel contre les cyclones, les typhons ou les ouragans.

À l'origine de la vie

Les premiers êtres vivants (des bactéries) sont apparus dans les océans. D'autres, plus évolués, ont suivi. Il y a environ 440 millions d'années, quelques-uns sont sortis de l'eau pour rejoindre la terre ferme et la peupler.

DEMI-TOUR !

Certaines espèces, comme des ancêtres de la baleine, sont venues sur terre... pour ensuite faire le chemin inverse et retourner vivre dans l'eau !

Poissons, tortues, mollusques, requins, algues... Le nombre d'espèces qui vivent près des coraux est impressionnant !

L'importance des océans

Réservoirs d'eau

Quand l'eau de mer (frappée par les rayons du soleil) s'évapore, des gouttelettes se regroupent et deviennent des nuages. Ces derniers libèrent ensuite l'eau sous forme de pluie ou de neige. Cette eau s'infiltre dans le sol et finit dans les rivières... qui se jettent dans les océans. La boucle est bouclée !

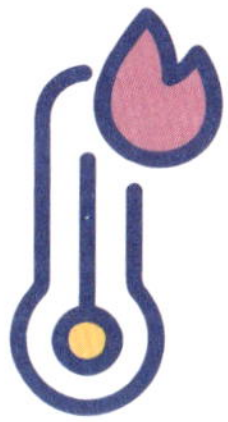

Réservoirs de chaleur

Les océans absorbent la chaleur. Ainsi, ils participent à la régulation des températures. Ce sont de véritables climatiseurs naturels !

Réservoirs d'oxygène

Si les arbres produisent beaucoup d'oxygène, plus de 50 % de ce gaz que nous respirons vient de la mer. Il provient de micro-organismes marins : les phytoplanctons. Ces super-héros minuscules en créent, tout en capturant un autre gaz, le CO_2*. Ils libèrent ainsi plus d'oxygène dans l'air que toutes les forêts de la planète !

Les espèces

En biologie*, on définit une espèce comme un ensemble d'individus aux caractéristiques proches, pouvant se reproduire entre eux. Il y a des millions d'espèces différentes sur Terre – géantes, microscopiques ou invisibles, sublimes ou dégoûtantes... Un sacré casting !

Les bactéries

Unicellulaires*, microscopiques, elles se reproduisent toutes seules. Comment ? Elles font une copie de leurs gènes puis elles s'allongent, se contractent et se divisent en deux bactéries identiques. Et ainsi de suite !

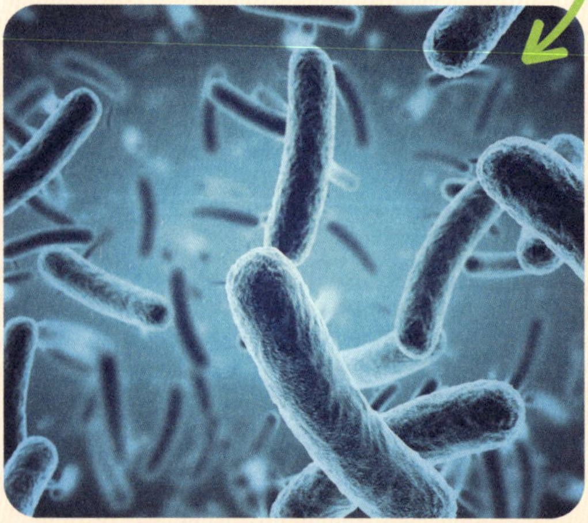

Les protistes

Ces êtres unicellulaires mesurent moins d'1 millimètre et sont pourtant capables de mouvement. Ils vivent le plus souvent dans les océans (comme le phytoplancton) et sont très utiles, car ils purifient l'eau et régulent sa charge en CO_2*.

Les végétaux

Algues, mousses, fougères, plantes à fleurs... ils sont nombreux et mesurent de quelques millimètres à 100 mètres de hauteur ! Tous ont un secret de survie : la chlorophylle. Cette substance leur permet de capter la lumière et d'en faire du carburant pour grandir.

Les champignons

Uni- ou pluricellulaires*, ils forment un groupe à part, différent de celui des végétaux. Contrairement à ces derniers, ils n'ont pas de feuilles ni de racines.

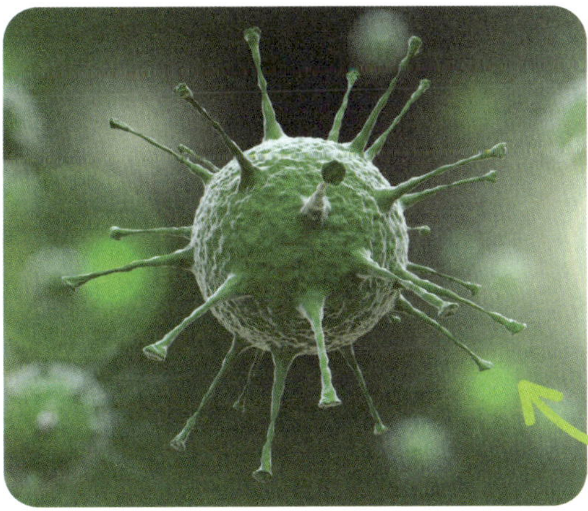

Les virus

Font-ils partie de la liste des espèces vivantes ? Pour de nombreux scientifiques c'est non. Car contrairement aux bactéries, ils ne sont pas autonomes : ils ont besoin d'un hôte (un homme ou un animal dans lequel ils vont pénétrer) pour se développer et se multiplier.

Du côté des animaux

Les animaux sont les espèces les plus évoluées. Ce sont aussi les plus variées : on estime qu'il existe environ 8 millions d'espèces animales sur Terre. Toutes se nourrissent d'autres organismes, végétaux ou animaux. Contrairement aux bactéries, elles ont besoin d'être deux (un mâle et une femelle) pour se reproduire.

Les vertébrés

Environ 45 000 espèces.

Ils possèdent un squelette, un cerveau et des organes sensoriels (nez, yeux, oreilles). On trouve dans ce groupe les mammifères, les oiseaux, les poissons, les amphibiens et les reptiles.

Les mollusques

Entre 70 000 et 100 000 espèces.

Ils n'ont pas de squelette et sont constitués d'une tête, d'un corps mou recouvert d'une coquille et d'un pied. Les escargots, les huîtres, les pieuvres et les calmars sont des mollusques.

ESPÈCE ENDÉMIQUE ?

Quelques pays ou régions abritent des espèces qu'on ne trouve nulle part ailleurs sur la planète : on qualifie ces espèces d'« endémiques ». Les îles, isolées du reste du monde, abritent souvent davantage d'espèces endémiques.

Les arthropodes

Au moins 1 000 000 d'espèces.

Leur corps est composé de segments munis de pattes articulées. Il est recouvert d'une carapace très dure appelée « exosquelette » (un squelette à l'extérieur). Dans ce groupe, on trouve les crustacés, les insectes ou les araignées.

Ils sont apparus il y a environ...

- **3,8 milliards d'années :** LA VIE
- **600 millions d'années :** INVERTÉBRÉS ET PLANTES
- **500 millions d'années :** LES POISSONS
- **365 millions d'années :** LES AMPHIBIENS
- **320 millions d'années :** LES REPTILES
- **225 millions d'années :** LES MAMMIFÈRES
- **150 millions d'années :** LES OISEAUX

Les annélides

Entre 9 000 et 12 000 espèces.

Certains (les sangsues) vivent dans l'eau, dans des tubes construits dans la vase, d'autres (les lombrics) habitent des galeries creusées dans la terre. Ils se déplacent en contractant et en étirant leur corps.

Entraide et coopération

Dans la nature, rien n'est figé. Et c'est bien ce qui la rend si extraordinaire. Les espèces s'adaptent, modifient leurs comportements et s'associent même avec d'autres espèces ! Les exemples d'union entre animaux sont nombreux.

Les lions et les guépards s'associent pour chasser. En mer, les dauphins et les baleines à bosse en font autant. Ils ramènent bien plus de poissons à plusieurs !

Les éléphants sont des champions de l'entraide. Les anciens aident les jeunes, les plus en forme prennent soin des blessés.

L'anémone abrite le poisson-clown dans ses tentacules venimeux. Elle ne le pique pas et le protège des prédateurs. En échange, il attire vers elle des petits poissons qu'elle n'a plus qu'à croquer.

Les chiens de prairie montent la garde ensemble. Le premier qui voit un prédateur siffle très fort, et tout le monde lui répond en écho. Ce concert fait fuir l'intrus !

L'UNION FAIT LA FORCE !

La compétition et l'agressivité sont des clés de survie dans la nature – la fameuse « loi de la jungle ». Mais de récentes études scientifiques montrent que la coopération est tout aussi importante. Lorsqu'elle a lieu entre deux espèces, on l'appelle « symbiose » (du grec *syn*, « ensemble » et *biosis*, « vivant »).

Les plantes ont aussi leurs alliés : les oiseaux et les insectes qui viennent se nourrir de leur pollen le transportent aussi vers d'autres plantes, assurant ainsi la reproduction de ces végétaux.

L'hippopotame a des amis à écailles et d'autres à plumes ! Les labéos, de petits poissons, picorent les algues accrochées sur sa peau. Les pique-bœufs se perchent sur son dos et nettoient sa peau. De là-haut, ils ont une vue imprenable sur la savane et peuvent donner l'alerte en cas de danger !

S'adapter à l'homme

Dans la nature, les solutions toutes prêtes n'existent pas ! Il faut parfois savoir improviser et innover pour survivre. Cohabiter avec l'homme a beau être difficile, c'est un défi qui peut apporter quelques bénéfices...

Animaux commensaux

Cafards, renards, souris, rats… À la campagne et surtout en ville, de nombreuses espèces ont appris à supporter la présence humaine. L'homme ne leur fait plus peur. Mieux, il les aide à survivre. C'est ce qu'on appelle le commensalisme : du latin *cum mensa*, qui signifie « manger à la même table ». Une espèce commensale tire profit de l'homme, alors que lui ne gagne rien en retour.

Animaux domestiques

Contrairement au commensal, l'animal domestique nous est utile, et nous avons même souvent modifié son apparence et son caractère pour qu'il puisse mieux nous servir. Les animaux de ferme (vaches, cochons, lapins, chèvres…) sont élevés pour fournir du lait et de la viande. Quant au chien, il nous aide dans nombre de nos activités : chasse, garde de troupeau, surveillance des maisons… Des races de chiens, de toutes les tailles et de toutes les formes, ont ainsi été créées. À chaque race son emploi !

On retrouve souvent le berger allemand aux côtés des forces de police.

La souris grise « domestique »

Malgré son nom, la souris n'est pas domestique mais commensale. Aux débuts de l'agriculture, des souris se sont rapprochées des fermes où on entreposait du grain. Trouvant facilement à manger et profitant de la chaleur des maisons, elles se sont multipliées en vivant au contact des hommes.

Jane Goodall Institute France

Le **Jane Goodall Institute** est une organisation mondiale de conservation fondée par le docteur Jane Goodall en 1977. En protégeant les chimpanzés et en incitant à agir pour préserver le monde naturel, il a pour objectif d'améliorer la vie des personnes, des animaux et de l'environnement.
Au Jane Goodall Institute, nous pensons que chacun compte. Que chacune de nos actions ont un impact.
Même les plus petites actions peuvent collectivement participer à changer le monde et ainsi participer à influer sur le futur de notre planète !

Retrouve le Jane Goodall Institute sur Internet !

https://janegoodall.fr

@janegoodall_france

@JGIFrance

@JaneGoodallFr

Dr. Jane Goodall

Fondatrice du Jane Goodall Institute et Messagère de la Paix auprès des Nations Unies

Le docteur Jane Goodall est **éthologue.** En tant que scientifique, elle étudie les comportements des animaux, notamment afin de mieux les connaître et les protéger. Elle est mondialement reconnue pour son travail sur les chimpanzés.

Dès 1960, elle étudie ces singes dans leur environnement naturel. Ses découvertes confirment que l'homme est un primate parmi d'autres. Il n'est pas le seul à savoir utiliser des outils. La définition de l'être humain en est modifiée !

C'est en constatant la dégradation de l'environnement et les risques pour les chimpanzés que Jane a décidé de consacrer sa vie à la protection des espèces animales et de l'environnement, tout en aidant les populations locales. Et c'est dans ce but qu'elle a fondé le Jane Goodall Institute.

Un vrai modèle pour tous les jeunes qui souhaitent défendre les animaux et la nature !

Aujourd'hui, Jane Goodall est une figure internationale de la défense de l'environnement. Elle a été choisie par l'ONU (l'Organisation des Nations Unies) pour être l'une des douze Messagères de la paix. Cela signifie qu'elle transmet les valeurs liées à cette notion : la compassion, la générosité, la non-violence, le dialogue...

Nominée pour le Prix Nobel de la Paix 2019, elle a obtenu des centaines de récompenses pour son travail.

Le « Peace Day »

Le 21 septembre, c'est la journée mondiale de la paix. Ce n'est pas qu'un concept lointain. La paix, c'est aussi une façon d'être au quotidien, dans nos gestes de tous les jours. Faire attention aux autres, humains, animaux, nature, c'est aussi être un acteur de la paix.

Tu connais peut-être des héros de la paix autour de toi ? Ta mamie qui prend soin de chacun, ton meilleur ami qui est toujours là pour toi ou encore cette personne de ton immeuble, de ta rue, de ta ville, qui a tant fait durant la crise de la COVID-19 ?

Inspire-toi de cet héros ou héroïne au quotidien, et inspire les autres en le ou la présentant sur le site : https://janegoodall.fr/peaceday/

Pour plus d'informations : info@janegoodall.fr

L'importance de la biodiversité

Nous n'en avons pas toujours conscience, mais les espèces animales et végétales sont indispensables à notre survie. La biodiversité n'est pas juste là pour faire joli : elle nous rend service, à nous aussi !

Puits de ressources

Il y a dans la nature tout ce dont nous avons besoin pour vivre. Le bois des forêts nous apporte des matériaux de construction et de chauffage. Les océans fournissent de l'eau et de l'oxygène. Avec la chair des animaux, nous avons de quoi manger, et avec leur fourrure, leurs plumes ou leur cuir, nous pouvons fabriquer des vêtements. Les plantes aussi nous nourrissent, avec leurs graines, céréales, fruits...

Source de médicaments

S'inspirant de ce que font d'autres animaux, comme les singes qui mangent des plantes quand ils sont malades, l'homme a appris qu'il pouvait se soigner grâce à ce qu'il trouvait autour de lui. De très nombreux médicaments qui soulagent du cancer ont ainsi été créés à partir de végétaux.

Comme bon nombre d'insectes, les abeilles sont menacées d'extinction, en grande partie à cause de l'utilisation excessive de pesticides*.

La danse des abeilles

Quand elles rentrent à la ruche, les butineuses dansent pour indiquer aux autres la direction et la distance du lieu où elles ont trouvé à manger. Et plus la danse est longue, plus la quantité de nourriture qu'on y trouve est importante !

Grâce à cette communication, d'autres abeilles iront polliniser à leur tour les plantes et cultures.

Pollinisation

De nombreuses espèces sont des « pollinisatrices ». En se nourrissant et en se déplaçant dans les fleurs, elles fécondent les plantes (c'est une symbiose, voir p. 22-23). Abeilles, bourdons, papillons, oiseaux, mais aussi chauves-souris : 75 % de nos cultures sont pollinisées par des animaux. Si ces espèces disparaissaient, toutes nos plantes mourraient. Et alors, fini les fruits et les légumes !

La biodiversité menacée

À la fin des années 1980, la création du mot « biodiversité » marque une prise de conscience : le monde vivant est fragile et, par ses activités, l'homme est le premier à le mettre en péril.

La destruction des habitats

Villes, routes, champs cultivés... Partout, les animaux voient leurs habitats envahis par les hommes. La nature « sauvage » a de moins en moins de place pour s'étendre et s'épanouir. Les forêts, notamment, sont coupées pour le commerce du bois et l'agriculture : à cause de la déforestation, beaucoup d'animaux n'ont plus d'endroits où vivre.

Algues échouées sur une plage de l'Atlantique.

Les pollutions

Les pesticides* agricoles, destinés à détruire les mauvaises herbes et les insectes, sont toxiques pour de nombreux animaux, qui les avalent en se nourrissant.

L'azote est un gaz indispensable à la croissance des plantes. Il est présent à haute dose dans les engrais*. À cause des pluies, il finit sa course dans les lacs et les océans, où il stimule la pousse d'algues qui asphyxient les animaux aquatiques.

En Turquie, des milliers d'arbres ont été abattus au profit de l'installation d'une mine d'or...

Bouteilles, sachets et autres...

Les déchets des hommes, surtout ceux en plastique, s'accumulent dans les océans : ces débris sont ingérés par les animaux marins, qui finissent par en mourir.

Le réchauffement climatique

Les activités humaines (transports, usines, chauffage...) produisent des gaz dits « à effet de serre* », qui font monter la température sur Terre. Cela dérègle notamment l'horloge biologique des animaux : ils ne savent plus quand ils doivent se reproduire, s'en aller (pour les migrateurs) ou hiberner. Cela entraîne aussi la fonte des glaciers, qui libèrent des virus inconnus, enfouis dans la glace depuis des millénaires.

La disparition des poissons

Pour se nourrir, l'homme pêche... beaucoup... Trop ! La surpêche est l'une des principales causes de disparition de la biodiversité marine. Le thon rouge du Sud a vu ses effectifs diminuer de 95 % depuis 1950. Au Brésil, la chair du mérou goliath est très appréciée et on le traque par tous les moyens possibles : à la ligne, au harpon, au fusil, au filet...

Le mérou goliath, un poisson peu méfiant, est une proie facile.

Le trafic d'animaux sauvages

Que ce soit pour être vendus ou tués, certains animaux sont chassés illégalement (on dit « braconnés »). La CITES (voir p. 39) estime à 1,5 million le nombre d'oiseaux victimes de trafic chaque année. Le pangolin, un drôle d'animal couvert d'écailles, est le mammifère le plus braconné au monde. Quant au gorille de montagne, les braconniers le tuent pour manger sa viande.

Le braconnage intensif de certaines espèces, comme le pangolin, favorise les contacts et donc la transmission de maladies (telle la COVID-19) de l'animal à l'homme.

Les espèces envahissantes

Importées (volontairement ou non) lors d'activités commerciales ou touristiques, de nouvelles espèces viennent perturber les écosystèmes. N'ayant pas, ou peu, de prédateurs, elles concurrencent les espèces locales. C'est le cas de la grenouille taureau, arrivée en Europe pour décorer les aquariums. Dans la nature, elle peut peser jusqu'à 1 kilo et dévore tout : autres grenouilles, serpents et oiseaux !

LES HOTSPOTS

Les *hotspots* (« points chauds » en anglais) sont des zones où la biodiversité est très en danger. C'est par exemple le cas de la Nouvelle-Zélande, en Océanie, ou de l'Himalaya, en Asie. Dans ces endroits, plus de 70 % des milieux naturels d'origine ont disparu et on compte au moins 1 500 espèces végétales endémiques (voir p. 21).

La liste rouge des espèces menacées

L'UICN (Union internationale pour la conservation de la nature), créé en 1992, recense les plantes et les animaux menacés. Ils sont classés comme étant vulnérables, en danger ou en danger critique d'extinction. À côté de gros animaux bien connus, comme le tigre ou le rhinocéros, on trouve sur cette « liste rouge » des centaines d'espèces plus petites et moins médiatiques : grenouilles, insectes, poissons, chauves-souris et oiseaux.

L'orang-outan

Classement UICN :
en danger critique d'extinction

Il aime évoluer dans les arbres, pour manger des fruits et se mettre à l'abri des prédateurs. Chaque jour, il se construit un nid de feuilles tout neuf, pour se reposer. Les scientifiques repèrent les nids par hélicoptère et peuvent ainsi localiser ces grands singes pour mieux les protéger contre les chasseurs.

Le grand requin blanc

Classement UICN : vulnérable

Avec ses six rangées de dents remplacées dès qu'elles se cassent, il s'est si bien adapté qu'il sillonne les océans depuis des millions d'années. Pourtant, le grand requin blanc est aujourd'hui en danger. Fondée en 1977, la Sea Shepherd Conservation Society traque les pêcheurs clandestins.

Le tigre du Bengale

Classement UICN : en danger

Caché dans les herbes, ce félin chasse le sanglier ou le crocodile. Mais la déforestation et le manque de proies l'obligent à se rapprocher des hommes. Sa peau, ses griffes et ses dents sont vendues comme médicaments en Asie. Il n'en resterait plus que 3 000 environ à l'état sauvage.

L'albatros des Galápagos

Classement UICN : en danger critique d'extinction

Très maladroit au sol, ce grand oiseau peut planer sans effort grâce à des tendons qui bloquent ses ailes une fois déployées. Se nourrissant de poissons et de crustacés, il est souvent pris dans les filets de pêche et meurt noyé.

Solutions et actions

Partout dans le monde, les gouvernements prennent heureusement de plus en plus conscience que la destruction de la biodiversité est un drame qui les concerne.

Préserver les milieux

Certains pays luttent contre la déforestation en limitant les coupes de bois. D'autres tentent de diminuer la pollution de l'air en favorisant des transports plus « verts », c'est-à-dire plus écologiques : la voiture électrique, les transports en commun (qui permettent de limiter le nombre de véhicules en circulation) ou le vélo !

LES CORRIDORS BIOLOGIQUES
La circulation entre les milieux est souvent coupée par les routes. Les corridors biologiques, des îlots de nature préservée, rétablissent cette connexion. Ainsi, les animaux peuvent mieux se déplacer, se nourrir et se reproduire.

Lutter contre la chasse et le trafic illégaux

Le cacatoès des Philippines est un perroquet très menacé. Les braconniers capturent ses oisillons pour les vendre comme animaux de compagnie. Sur l'île de Palawan, d'anciens braconniers se sont reconvertis en gardes forestiers pour veiller sur lui.

Paris figure à la première place du classement des villes françaises faisant le plus d'efforts pour lutter contre la pollution de l'air.

Limiter la pêche

En 1990, la pêche du mérou goliath est interdite dans les Caraïbes. En 1994, le Japon, l'Australie et la Nouvelle-Zélande ont fondé la Commission pour la conservation du thon rouge du Sud, afin de limiter les prises.

Planter des arbres !

De nombreux agriculteurs s'orientent vers l'agriculture biologique, sans pesticides*, et vers l'agroécologie : ils travaillent avec la nature, pas contre elle ! Ils mélangent les espèces végétales et plantent des arbres – qui sont autant de nouveaux abris pour les animaux.

Les conventions internationales

Les pays du monde sont plus forts quand ils agissent ensemble. C'est pourquoi ils se mettent d'accord sur des mesures à prendre en commun et signent des conventions internationales.

Convention sur la diversité biologique

Signée en 1992, elle engage les pays signataires à protéger leur biodiversité en lançant différentes actions : recherche scientifique, programmes de conservation ou journées d'information dans les écoles. Le 22 mai a été déclaré Journée internationale de la biodiversité.

IPBES

(Plateforme intergouvernementale scientifique et politique sur la biodiversité et les services écosystémiques)

L'objectif de ce groupe international d'experts, au nom si compliqué, est pourtant simple : réunir des connaissances scientifiques afin de mieux conseiller les gouvernements sur les questions de biodiversité, et de les aider ainsi à prendre les bonnes décisions.

Réseau Natura 2000

Créé par l'Union européenne en 1992, il rassemble des sites naturels (forêts, lacs, marais...) ayant une grande valeur, tant pour leurs paysages que pour leur faune ou leur flore. Les pays d'Europe discutent et se coordonnent pour protéger ces lieux remarquables.

La 10e Convention sur la diversité biologique s'est tenue en octobre 2010, à Nagoya, au Japon.

En juin 2015, lors de la 12e Convention de Ramsar, quatre nouvelles zones humides au Japon ont été inscrites sur la liste des sites à préserver.

Convention de Ramsar

Ce traité international a été signé en 1971. Les pays signataires (170 en 2020) collaborent pour mieux protéger les zones humides (les espaces qui contiennent de l'eau douce en permanence : lacs, rivières, marécages...), les restaurer et sensibiliser le grand public à leur sujet.

CITES

(Convention sur le commerce international des espèces de faune et de flore sauvages menacées d'extinction)

Cet accord international a été signé en 1973 pour lutter contre le commerce illégal d'espèces sauvages. Grâce à des contrôles aux frontières, les douanes vérifient les permis prouvant que l'importation d'un animal est légale.

Programmes de conservation

Les programmes de conservation sont un moyen, pour les gouvernements et les associations du monde entier, de mieux gérer les ressources naturelles (l'eau, le bois...). En évitant le gaspillage des produits de la nature, les destructions des milieux ou les extinctions d'espèces, ils préservent la biodiversité pour les générations futures.

Guépard

Fondée en 2014, l'association Cheetah Guardian s'est engagée à lutter pour sauver les guépards menacés par le braconnage et la destruction de leur habitat. Elle s'interpose aussi entre les jeunes guépards et leurs prédateurs (lions, hyènes ou babouins) jusqu'à ce qu'ils puissent se défendre tout seuls.

Éléphant d'Asie

En 2008, l'association ElefantAsia a bâti un centre de conservation à Hongsa, au nord du Laos (en Asie). Elle y soigne les éléphants malades ou blessés par des braconniers. Elle rappelle aussi aux villageois l'importance de cet animal qui fait partie de leur culture.

Tigre du Bengale

En Inde, l'association WWF collabore avec des associations locales pour lutter contre le braconnage et replanter des arbres sur les territoires du tigre, sans lesquels il ne peut pas survivre. D'autres espèces profitent de ce travail, comme le rhinocéros ou l'éléphant.

Diable de Tasmanie

Protégée depuis 1941, l'espèce est aujourd'hui victime d'un cancer de la bouche très contagieux. En vingt ans, cette maladie a éliminé 80 % des diables. En 2018, 26 diables de Tasmanie ont été réintroduits dans une zone de laquelle ils avaient disparu.

Association WWF

WWF

Fondé en 1961 et présent aux quatre coins de la planète, le WWF est l'une des associations de protection de l'environnement les plus anciennes. Elle soutient plus de 1000 projets, dans plus de 100 pays !

Des réussites encourageantes

Au moins 1 million d'espèces seraient menacées d'extinction… Mais la nature est capable de se reconstruire et, avec notre aide, de retrouver ses couleurs. Aux quatre coins du monde, des résultats positifs montrent que même s'il reste du chemin à faire, il n'est jamais trop tard !

Le réveil du rhino

Les braconniers tuent les rhinocéros blancs et revendent leurs cornes sur les marchés d'Asie pour en faire des médicaments. Des associations internationales traquent ces chasseurs malhonnêtes, tout en sensibilisant les enfants dans les écoles. Grâce à leurs actions, les rhinocéros sont passés d'une vingtaine dans les années 1970 à plusieurs milliers aujourd'hui.

La revanche des océans...

Nombreuses sont les menaces qui pèsent sur les océans et les espèces qui y vivent. Mais les actions menées partout dans le monde portent leurs fruits. La lutte contre le réchauffement climatique et la pollution, ainsi que la recherche de solutions pour une pêche plus « durable », c'est-à-dire plus respectueuse de la nature, donnent un nouveau souffle aux océans.

En contrôlant la qualité de l'eau, la Commission de conservation de la faune et des poissons de Floride (FWC) a par exemple permis aux lamantins, qui n'étaient plus que 100 en 1970, d'être près de 7 000 en 2020.

... et des espèces marines

L'utilisation des filets de pêche a été interdite dans la réserve des Galápagos. Au début des années 2000, un accord pour la conservation des albatros a été signé par 13 pays, dont la France. La déviation de routes maritimes a également permis de moins perturber les migrations des baleines bleues. Sans être dérangées par les passages de bateaux, elles ont même vu leur population augmenter ! En 2020, on compte environ deux fois plus d'espèces qu'en 2002.

Tous acteurs

Être sentinelle de la biodiversité, qu'est-ce que cela veut dire ?
C'est tout simplement montrer que l'on se sent concerné.
C'est à la fois agir soi-même et expliquer les bons gestes aux autres pour prendre soin de la biodiversité.
Chacun de nous peut jouer un rôle, il suffit d'essayer !

Moins loin

Cela commence quand on fait ses courses. Plus un produit vient de loin, plus il a voyagé, donc plus il a engendré de pollution par son transport. Alors, mieux vaut privilégier les produits locaux (venus d'Europe, de France ou, encore mieux, de sa région).

Moins d'emballages

Le plastique pollue… Mais souvent, on peut s'en passer ! Par exemple, en utilisant des sacs en tissu et une gourde en inox ou des bouteilles en verre. Ou encore en évitant l'achat de produits emballés sous plastique.

La « part du colibri »

Une légende amérindienne parle d'un immense incendie. Les animaux regardent la forêt brûler. Seul le colibri, petit oiseau, s'active pour éteindre le feu, ramenant un peu d'eau dans son bec. Les animaux se moquent de lui : « Tu ne vas pas éteindre le feu avec quelques gouttes d'eau ! » Et le colibri répond : « Je sais. Mais je fais ma part… »

Si chacun « fait sa part », nous avons le pouvoir de changer les choses !

Moins de viande

Sur Terre, on estime qu'il y a 36 % d'humains, 4 % d'animaux sauvages et… 60 % de bétail* ! Manger moins de viande serait meilleur pour notre santé (nous ne sommes pas des carnivores*), et les terres agricoles grignoteraient moins les espaces naturels.

Changer ses habitudes au quotidien, cela se fait en famille !

Moins de produits toxiques

Le produit anti-limaces est un poison qui tue chaque année des dizaines de hérissons, car ceux-ci en mangent sans s'en apercevoir... Il vaut mieux utiliser des systèmes naturels et biologiques, comme encourager la présence de coccinelles autour des plantes, parce qu'elles mangent les pucerons. C'est écologique et économique !

Installer des nichoirs à oiseaux

Accroche-les solidement sur un mur ou dans une haie, à l'abri des vents dominants, entre 1,50 et 3 mètres de hauteur. L'endroit doit être calme, jamais en plein soleil. Les hôtes accueillis te remercieront en débarrassant les plantes des insectes dits « nuisibles* ».

Créer un point d'eau

Une assiette creuse pleine d'eau sur un balcon, ou une mare dans un jardin... ça grouille de vie ! Insectes, crapauds, serpents, oiseaux, voire petits mammifères, viennent y boire, surtout en période de sécheresse. Une véritable oasis pour eux, et pour toi, une source inépuisable d'observations !

Ne pas faire de cueillette « sauvage »

Cueillir une fleur en chemin, cela ne semble pas bien grave... Mais si tous les promeneurs font pareil, il n'y en aura bientôt plus une seule ! Alors mieux vaut les admirer dans la nature plutôt que les ramasser.

Ne pas déranger les animaux

En promenade, surtout au printemps et en été, il faut faire bien attention à ne pas sortir des chemins, car en marchant dans les herbes hautes, on peut déranger les animaux qui s'y cachent.

Sauver les papillons de nuit

En ville, la nuit, les éclairages perturbent les insectes, et notamment les papillons. Ils s'épuisent à tourner autour des lampadaires et des fenêtres qui dégagent de la lumière, et se font alors plus facilement croquer par les chauves-souris. Allumer moins longtemps peut suffire à leur sauver la vie.

Lexique

Bétail : ensemble des animaux élevés par l'homme (vaches, cochons, moutons...), sauf ceux de la basse-cour.

Biologie : science qui étudie la vie.

Carnivore : qui se nourrit essentiellement de viande.

Cellule : élément de base composant les êtres vivants.

CO_2 : le gaz carbonique est un gaz à effet de serre* qui, s'il est présent en trop grande quantité, peut menacer l'équilibre écologique.

Effet de serre : à cause de gaz dits « à effet de serre » (comme le CO_2), une partie de l'énergie du Soleil absorbée par l'atmosphère qui entoure la Terre se retrouve piégée, ce qui fait augmenter la température de notre planète.

Engrais : substance qui apporte aux cultures les éléments nécessaires à leur croissance.

Herbivore : qui se nourrit de végétaux.

Mangrove : forêt aquatique bordant les côtes des régions tropicales. Elle sert de refuge à de nombreuses espèces animales.

Molécule : minuscule particule se cumulant à d'autres pour former de la matière.

Naturaliste : scientifique de terrain étudiant les espèces animales et végétales dans leur milieu.

Nuisible : un insecte dit « nuisible » est appelé ainsi parce qu'il détruit les cultures plantées par les hommes.

Pesticide : produit chimique destiné à détruire les champignons, les mauvaises herbes, les vers de terre et les insectes qui parasitent les cultures.

Pluricellulaire : constitué de plusieurs cellules.

Primatologue : scientifique spécialisé dans l'étude des singes.

Tourbière : milieu humide caractérisé par la présence de sphaignes, des mousses qui, lorsqu'elles meurent, forment de la tourbe, une matière végétale très riche dont se nourrissent de nombreux êtres vivants (bactéries, algues, amphibiens...).

Unicellulaire : constitué d'une seule cellule.

Crédits iconographiques.

Couverture : © Shutterstock.

Intérieur : © Shutterstock, à l'exception de : **p. 12 g** : © Paul D. Stewart / SPL - Science Photo Library / Biosphoto ; **12 d** : © Pat Morris / Ardea / Biosphoto – **p. 13 g** : Albatross / Alamy ; **13 d** : Albatross / Alamy – **p. 23** : © Brigitte Marcon / Biosphoto – **p. 38** : BJ Warnick / Newscom – **p. 39** : BJ Warnick / Newscom – **p. 41** : JENYA / Alamy – **p. 43** : © Franco Banfi / Biosphoto

Livret central : © Fernando Turmo, à l'exception de la photo de Jane Goodall et du chimpanzé : © Jane Goodall Institute – du portait de Jane sur fond noir : © Vincent Calmel – de la photo des mains et du téléphone : © Shutterstock

Pictogrammes (issus de thenounproject.com) : **Crabe** : Yugudesign – **Curseur** : Aquene Ardeen – **Loupe** : Syafa Studio – **Arbre** : Kangrif – **Lézard** : Pham Thanh Lôc – **Bactéries** : Maxim Kulikov, Monkik, Pham Thanh Lôc, Barbara Marsillac, Maxim Kulikov, – **Oiseaux** : Vicons Design, Iconic, Diego Naive, Jacqueline Fernandes – **Guépard** : Laura Barretta – **Colibri** : Sergey Demushkin – **Vache** : Rutmer Zijlstra – **Dodo** : Cédric Villain – **Bicyclette** : H Alberto Gongora – **Fougère** : Em Elvin – **Forêt** : ProSymbols – **Génome** : Felipe Perucho – **Coccinelles** : Cassie McKown, Vladimir Belochkin, Pham Thanh Lôc, DinosoftLab – **Pangolin** : Abby – **Rhinocéros** : Abby – **Vague** : Nick Abrams – **Fourmilier** : Pham Thanh Lôc – **Gazelle** : Pham Thanh Lôc – **Poisson-papillon** : Vectors Market – **Eléphants** : Pham Thanh Lôc, Ted Mitchner, Jason Dilworth, – **Tortue** : Pham Thanh Lôc – **Raie** : Pham Thanh Lôc – **Gorille** : Pham Thanh Lôc – **Puceron** : Pham Thanh Lôc – **Fourmi** : Pham Thanh Lôc – **Babouin** : Abby – **Abeilles** : Ben Davis, Adrien Coquet – **Papillon** : Elisabeta – **Chat** : Andreas Reich – **Poissons** : Jacqueline Fernandes, Melissa Maury – **Sapins** : Pablo Rozenberg – **Souris** : M. Turan Ercan – **Château d'eau** : Ben Davis – **Robinet** : Gilberto – **Goutte d'eau** : Qomariyah – **Caribou** : Abby